浙江省社科联社科普及课题成果

"石头的故事"
丛书

丛书主编：丁小雅　郑　剑　郑丽波
副主编：杨磊　程团结　陈祥
　　　　郑鸿杰　陈越

凝固的生命

项丰瑞　郑丽波　丁小雅　著
郑　剑　陈嘉琦　方雨辰

浙江工商大學出版社 | 杭州
ZHEJIANG GONGSHANG UNIVERSITY PRESS

图书在版编目（CIP）数据

凝固的生命 / 项丰瑞等著. — 杭州：浙江工商大
学出版社，2022.10（2023.1重印）
（石头的故事 / 丁小雅，郑剑，郑丽波主编）
ISBN 978-7-5178-5009-0

Ⅰ. ①凝… Ⅱ. ①项… Ⅲ. ①岩石－普及读物 Ⅳ.
①P583－49

中国版本图书馆CIP数据核字(2022)第109939号

凝固的生命
NINGGU DE SHENGMING

项丰瑞　郑丽波　丁小雅　郑　剑　陈嘉琦　方雨辰　著

策划编辑	任晓燕
责任编辑	熊静文
责任校对	夏湘娣
封面设计	望宸文化
责任印制	包建辉
出版发行	浙江工商大学出版社
	（杭州市教工路198号　邮政编码310012）
	（E-mail：zjgsupress@163.com）
	（网址：http://www.zjgsupress.com）
	电话：0571-88904980，88831806（传真）
排　　版	杭州彩地电脑图文有限公司
印　　刷	杭州高腾印务有限公司
开　　本	880 mm×1230 mm　1/32
印　　张	4.375
字　　数	73千
版 印 次	2022年10月第1版　2023年1月第2次印刷
书　　号	ISBN 978-7-5178-5009-0
定　　价	32.00元

"石头的故事"丛书总序

时光荏苒，从嘉兴南湖的红船，到神舟十四号飞船，中国共产党已然成立100周年。遥忆1个世纪前的中国，积贫积弱，风雨飘摇，有识之士们请来了"德先生"和"赛先生"，解放思想，引领新文化运动，并诞生了中国共产党，最终推翻"三座大山"，成立了新中国。

经过70多年的努力，新中国发展的速度、取得的成就让世界瞩目，载人航天、深海探测、高铁、5G等技术全球领先。但同时，我们也应清楚地认识到自身存在的不足：石油、铁矿石等矿产资源严重依赖进口，芯片、工业软件等领域受人制约。为什么我们有些矿产如稀土、煤炭资源丰富，有些矿产如石油、金刚石却相对匮乏？芯片是由什么材料制作的？高铁为什么跑那么快？这些问题，牵动着许多国人的心。如何把这些问题讲通讲透，让每一位充满好奇心的朋友都能找到答案，这就需要求助我们的老朋友——"赛先生"。

　　把科学知识讲得通俗易懂，就是科普。2002 年 6 月 29 日，我国第一部关于科普的法律——《中华人民共和国科学技术普及法》正式颁布实施。2005 年伊始，为方便活动展开，将每年 9 月第三个公休日作为全国科普日活动集中开展的时间。

　　我的学生郑丽波博士，带领她的团队，一直在从事地质科普工作。他们最近编了一套书，讲述了许多生动有趣的石头小故事。什么是花岗岩？什么是玄武岩？为什么《红楼梦》又叫《石头记》？为什么丝绸之路上有这么多石窟？美丽的化石是怎么形成的？又如何来指示年代？所有的问题，都可以在这套书中找到答案。

　　科普工作的种种努力，是希望能在人们心中种下一颗好奇的种子，在合适的时机生根发芽，茁壮成长。我希望，像郑博士这样从事科普的同志能再多一些，热爱科学的孩子能更多一些，播撒出足够多的种子，才有更多希望长出参天大树。

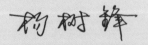

2022 年 6 月

前 言

　　在人类文明出现之前，地球是什么样子？地球上又生活着哪些生物？现在的我们已经无法用双眼去直视真相了。但是历史给我们留下了痕迹，让我们能在亿万年之后看到当时的只言片语——那就是化石。

　　化石是留存在岩石中的古生物遗体、遗物和遗迹。生物死亡后的遗体、生物活动所留下的痕迹等被泥沙所掩埋，随着时间的流逝，这些遗体或遗迹与周围的沉积物一起石化，于是就形成了化石。

遗迹化石（蠕行迹）/ 汪隆武供图

　　化石的形成条件非常严苛，成千上万的生物中可能只有一个达到了化石形成的条件。而大多数保留下来的化石也是残缺的，完好的化石可谓百里挑一。

含虫琥珀 / 金幸生供图

决定化石形成的因素主要有 3 个：

一是生物本身。生物自身最好拥有坚硬的部分，比如骨骼和外壳。软体部分容易腐烂分解，而硬体部分更加容易保存。所以某些没有硬体部分的生物，形成化石的难度要更大一些。但在特殊的条件下，脆弱的生物也能够形成化石，比如琥珀中就能找到保存完好的昆虫。

二是环境条件。生物必须被某种能阻隔分解的物质掩埋起来。海洋生物死后能够被海底的泥沙覆盖，所以它们形成化石的概率较高。

化石的形成与保护和周边环境息息相关。水质、含氧量、地壳运动、其他动植物的活动等都有可能导致化石形成的失败。即便是化石形成了，也可能出于各种原因遭到破坏。

三是时间。其一，生物死亡后必须快速地被掩埋起来，这是为了防止生物躯体被破坏。其二，生物体的石化是个漫长的过程，需要充足且不被外界打扰的时间。

海百合化石

　　化石就是自然界的史书。吉光片羽，是这亿年时光的见证者。化石身上的痕迹是自然界刻下的文字。我们可以通过它来复原古生物的形态，也可以通过它来推测当时地球的环境，追索时代的变迁。

　　化石就是凝固的生命。远古生物虽然在千万年前就已经逝去了，但它们中的一部分成为化石而被封存，使今天的我们能够幸运地接收到它们的信息。这些信息是如此重要，恰似我们喜欢玩的拼图游戏，通过一块块化石的拼凑衔接，我们最终才得以看见生物演化和环境变化的波澜壮阔。

　　希望此书能成为一座桥梁，为您铺设起走近化石的道路，去感受探索化石秘密的无穷乐趣。

目　录

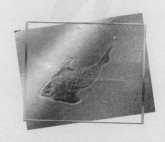

第一章

在遥远的寒武纪（距今5.42亿—4.85亿年），一场生命大爆发奇迹般地出现了。生物的数量和种类相比爆发前都有了一个量与质的飞跃。藻类为生物爆发提供了基础，三叶虫凭借着它的数量和种类成为寒武纪的标志，鹦鹉螺则是依靠自身的能力登上当时食物链的顶端。

生命的爆发

优美的笔石随浪漂浮，构成海洋中的一道风景线……澄江生物群是大爆发留下来的宝库，形态各异的生物让地球增添了几分色彩。

一、叠层石：原始的生产者

大约是在 46 亿年前，地球形成。早期的地球地表温度很高，没有氧气。地球处于荒凉而无法进行有氧呼吸的原始状态。

约 35 亿年前，生物开始出现。最先登场的是细菌等原核生物。这个过程完全称得上传奇——在那充满了不确定和机遇的时光里，在生命进化链中的某个契机，原核细胞成功地从海洋的原始生命分子中凝聚而出，形成了最早的单细胞个体。当然，它给出的是一款混沌的式样，没有细胞核，没有种种结构和体内分化，因此在生物分类上被确定为原核生物。随着地球环境的改变，一种叫蓝藻（也叫蓝细菌）的原核生物应运而生，因为蓝藻的细胞内有叶绿素的存在，所以它们能够像今天的植物一样，吸收光能，呼出氧气。当蓝

藻诞生，地球上的有氧呼吸运动随之闪亮登场。数亿年之后，在地球表面构造出一个蓝色的有氧大气圈，为现在的我们提供了最适宜的生存环境。

蓝藻个体非常小，通常只有一个或数个微米。在原始的海洋中，这么微小的个体，危机重重。为什么它们能够繁盛，成功地大量繁衍后代？因为它们有一个制胜法宝——能够分泌一种黏性物质，通过黏性物质来胶结海水中的钙镁碳酸盐等矿物质及一些碎屑，形成结合体，即我们今天所见到的叠层石。蓝藻每天迎接太阳，结合体一层又一层生长，由内向外、由下而上、由小到大，因其分层形态而获得叠层石的名字。蓝藻正是利用矿物质及碎屑，为自己营造了一个立地条件，保证了当时的生存，它们也因此经过几十亿年后还能以化石的面貌再现。

蓝藻在叠层石上生长着，每平方米的岩石上大约居住有 36 亿个微生物。它们新陈代谢的时候结合了海洋里的碳酸盐，继而形成了更多的叠层石；叠层石又为蓝藻的繁衍提供了良好的生活环境。每个叠层石都是一个小型的生态系统、一个功能超强的双向循环圈。

叠层石的形成需要平静的海面，如果风浪过大，蓝藻就有可能被海浪席卷走；它对海水的深度也有要求，海水最深 20 米左右，这个深度既可以保证充足的阳光，又可以保证适宜的温度；海水既要有足够的营养，又必须保持相对清洁，不然蓝藻容易被杂质所掩埋；同时要求海域较为封闭，不能有太多的大浪和洋流，这样，蓝藻才可以固定在一个地方；此外季节及气候的变化、沉淀速度的快慢都会影响到蓝藻的构造，并在叠层石中留下痕

叠层石横切面 / 金幸生供图

叠层石纵切图 / 金幸生供图

迹。因此，通过分析叠层石的构成，我们可以回溯到它们所处环境的状况及变化。

在浙江西部有个叫莲塘的古老村庄，自明代始，村民选择了这片群山环抱的安静山水生活着，从未离开，古老的历史是他们的骄傲和根基。他们开采山上的石头建房、修路，与石头相伴了几百年。直到有一天，地质队员们来到这里，发现了一种叫叠层石的化石，确定这里是中国南方最大的叠层石化石群，具有重要的科考价值。

叠层石化石的样子，村民早就习以为常。有时在岩石表面看到像拳头大小的黑灰色团团，仔细观察，这些黑灰色团团由里到外有细细的圈状分层；岩石表面有时又像整齐排列的黑灰色断续条带，与浅色的岩石相互间杂垒叠。这两种情形恰好呈现了叠层石的纵横剖面，也为叠层石的成因解释留下了线索，因为它正是蓝藻留下的生长痕迹。

江山莲塘村的叠层石

　　莲塘村对石头的使用,使叠层石重新出现在我们的面前。现在,莲塘村的人们停止了对叠层石区域的开采,建成了地质文化村,对叠层石分布区域加以保护。古老的村庄,古老的生物,如果画一道连接线,那会是一道引人入胜的深邃风景。

二、澄江生物群：栩栩如生的海洋乐园

在云南省澄江县帽天山，有一个包含着大量寒武纪早期古生物化石的集中分布区域。这里的化石种类繁多且保存完整，涵盖了16个门类、200多个物种；这些化石栩栩如生地再现了寒武纪早期海洋的生态情景。它是世界上迄今所发现的最古老（距今5.3亿年）且保存最完好的多门类生物化石群之一，被称为"澄江生物群"。2012年7月1日，澄江化石群产地被正式列入《世界遗产名录》。

在寒武纪早期，生物进化史上出现了一次爆发性事件，史称"寒武纪生命大爆发"。而澄江生物群，则是这场生命大爆发的遗骸，是佐证"寒武纪生命大爆发"的珍贵证据。

1984年6月中旬，从中国科学院南京地质古生物研究所硕士毕业的侯先光先生，来到云南省澄江县的帽天山。他原本是来找寻

寒武纪的高肌虫化石的，但几近一无所获。7月1日下午3时，幸运女神或许是不忍看他辛苦却又一无所获地奔波的样子，终于眷顾了他一回。一次看似偶然的抬脚，让侯先光发现了打开化石宝库的钥匙。他发现的是一块寒武纪早期的无脊椎动物化石。那天，他在这附近相继发现了3块化石，分别为纳罗虫、腮虾虫和尖峰虫化石。在此之后，他专门对这片地区进行调查研究，收获了大量的珍贵化石材料。返回南京后，他与导师张文堂教授撰写了《纳罗虫在亚洲大陆的发现》，在此文中第一次将这些化石命名为"澄江生物群"。

澄江生物群的面世似乎有其偶然性，但它离不开一大批科学家的共同努力，特别是侯先光、陈均远、舒德干3位古生物学家，他们在发现澄江生物群，将其推向国际和创新性突破性研究方面取得了巨大成就。

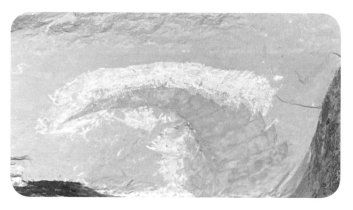

澄江生物群动物化石（广卫虾）

现已发现并描述的澄江生物群化石分属包括藻类、海绵动物、腔肠动物、鳃曳动物、叶足动物、动吻动物、腕足动物、软体动物、节肢动物、棘皮动物、线虫动物、古虫动物、毛颚动物、脊索动物等多个动物门以及一些分类位置不明的奇异类群、遗迹化石和粪类化石。这些生物共同构成寒武纪海洋的风景，也是海洋的共同主人。

这些化石形态各异，小到几毫米，大到几米，千姿百态，可以想象当时的古生物群落的立体分布是如此的纷繁多样。

澄江生物群也是生命演化道路上一些关键节点奇妙现象的生动再现。大脑和脊椎是脊椎动物的特征，也是脊椎动物与无脊椎动物的最大区别。在澄江生物群的年代，脊椎动物还沉浸在诞生前的黑暗之中，但已发现有一些古生物，被证实正走在向脊椎动物过渡的大路上，它们进化出了头部构造和原始脊椎，跑赢了大量的无脊椎动物，开始往脊椎动物方向进发。

澄江生物群动物化石（云南虫）/金幸生供图

　　这片海洋中，既然生长着大量的生物，必然就会形成食物链。奇虾，则是占据食物链最高端的顶级掠夺者。

　　奇虾（Anomalocaridids）是澄江生物群中最大的生物，最大体长可达 2 米。除了体型上占有优势，还在视觉和摄食方面拥有功能优异的器官。它有一对巨眼，大大地凸在外面，形如灯泡，视觉非常敏锐。它还有一对巨大的前柄肢，行动灵活，可以快速捕获猎物。口中则有环状的如同齿轮般的外齿，可以咬碎其他生物坚硬的

外壳，古生物学家们曾在奇虾的排泄物中发现具有坚硬甲壳的三叶虫。奇虾身体呈流线型，善于游泳，身体构造和技能的诸多综合，使它成为海洋中当之无愧的主宰。它的出现让我们看到了完整食物链的出现。

关于寒武纪生命大爆发的原因，有一个猜想就是收割理论。收割者的出现促进了生产者的发展，为它们提供了发展空间；而生产者的多样性则又促进了收割者的进化。正是由于生产者和收割者的相辅相成，才让生物有了更多的可能性。

奇虾是主动摄食的消费者的典型代表，但是在当时的环境里，也有生物只是进行着被动的摄食。比如海口鱼 (Haikouichthys)。它是一种无颌的鱼形动物，拥有一条原始的类脊椎。它形态较小，平均体长 4 厘米。当时的温暖浅海环境非常适合海口鱼的喜好。它平常白天下半截身体埋在沙中，依赖水流带来的浮游生物及硅藻、植物，被动摄食，到了晚上才比较活跃，会离开沙窝弹射到水面活动，在水中则以螺旋式方法游泳前行，非常灵活，一旦受到惊吓，

就会立刻游回沙窝之中。它可以算是第一种鱼，也是无脊椎动物向脊椎动物演化过渡的典型代表。

它们原本平静安宁地生活在这片海域，虽然有纷争有捕食，但总体还是很平和的。但有一天这样的生活被打破了。

无边无际的堆积物压向它们，把它们埋入海底。海口鱼慌张地逃窜，想要游回自己的沙窝之中，但是就连沙窝也被破坏了。所有的生物都想要逃离，想要游走，但很多都没有成功。它们没能抵抗住这大自然的残酷，只能一起坠落、掩埋，最终与掩埋体共生为岩石。直到新生代，青藏高原隆起带动云贵高原的攀升，原本覆盖在它们之上的地层剥落，已经凝固为化石的它们终于重见天日。

澄江县帽天山，现在位于中国地理上的第二阶梯，是远离大海的高原地带。但5.3亿年前，这里则是一片浅海，气候温暖，生命就像初升的太阳，耀动着无限希望。时间和空间，如此超越想象地展开着奇妙画卷，正如天空不倦的云彩，一日千里。

三、三叶虫：漫长历史的见证者

在地质时期，有种叫三叶虫的生物，生存了 2 亿多年。人类历史与其相比，就好似流星一闪。

最早的三叶虫化石被发现于寒武系地层。三叶虫身体扁平，左右对称，背侧有坚固的甲壳。甲壳的化学成分以碳酸钙和磷酸钙为主，不易溶解，所以三叶虫成为地质历史时期最早大量形成化石的动物门类。它的身体从前

三叶虫化石 / 金幸生供稿

至后可以分为头甲、胸甲、尾甲三部分，而其背甲在纵向上又可分为三叶——中间的轴叶和左右两个肋叶，因此得名三叶虫。

寒武纪，又被称为"三叶虫时代"。三叶虫是当时海洋中种类最丰富、数量最多的动物物种，全世界已发现有 1500 多个三叶虫属 10000 多个种的化石。不同种类之间的差异也比较大，仅体型这一点，大的可达 70 厘米，小的只有区区 2 毫米左右，而常见的三叶虫基本在 3 厘米到 19 厘米之间。

三叶虫化石 / 金幸生供图

作为原始的节肢动物，三叶虫需要多次蜕壳才能长成，这正如我们今天常见的节肢动物如蝗虫、螃蟹等的蜕壳。三叶虫大多生活在浅海，以爬行或者半游泳的方式移动，多以无脊椎动物的尸体以及海藻为食。它们并不主动攻击，采取的是比较温和的举动，行动也较为缓慢。当有生物对它们进行攻击的时候，三叶虫会将自己蜷缩起来，沉入海底。蜷缩起来这一举动让人联想到西瓜虫。

三叶虫，它凭着看起来不是那么灵活的身姿，坚定地度过了整个古生代，当之无愧地成为漫长历史的见证者。

三叶虫化石

在寒武纪，生物大爆发使得海洋生机勃勃，食物充沛，不挑食的三叶虫不仅"虫多势众"，而且凭借着当时十分先进的铠甲状自卫武器，特别是遇险情能把身体曲成一团的背甲关节结构，在辽阔海洋中没遇上多少能与之抗衡的竞争者，而一跃成为寒武纪的显赫霸主。直到早期鱼类的出现，三叶虫最终遭遇了劲敌，走上末路。

在三叶虫自身的演化进程中，它的甲壳逐渐变大，在胸部和尾部长出针刺，尾部变大，然而这一切都没能使它适应环境的改变，灭绝势不可当。它们或成为其他物种的食物，或沉入海底，永久地留在了时光之中。

虽然，三叶虫的活的个体现在已经不复存在，但是它的生命历程并没有烟消云散。它用化石顽强地记录了自己的存在。这些化石，不仅展示了它们的身体，更让我们见证了那段惊涛骇浪的过往。

作为寒武纪最具代表性的生物，三叶虫化石是寒武纪的标准化

石，常被用作区别和划分寒武系地层的重要依据。三叶虫在确定江山阶"金钉子"中起到重要指示作用，其中产出的东方拟球接子三叶虫在全球范围内均可对比，意义重大，江山阶"金钉子"三叶虫化石的首现作为标志，划分出寒武系芙蓉统江山阶的底界，确立了点位。钉在江山市双塔街道

三叶虫在确定江山阶"金钉山"中起到重要指示作用

莲塘村的江山阶"金钉子"，在地质学上具有不可替代的重要意义。

四、笔石：岩石上的书写者

当我们用铅笔写字的时候，笔芯在纸张上画出黑灰色的痕迹，用手轻轻一抹，颜色渲染开来，呈现深浅不一的黑色，像水墨一般。

你是否喜欢用铅笔肆意涂抹的感觉呢？当你看到石头的时候，是否也会燃起拿铅笔涂鸦的想法，有没有想过，铅笔在岩石上会留下怎样的痕迹呢？

自然界中正有这样一种生物的化石，因为像极了用铅笔在岩石上书写的痕迹，所以得名笔石。

笔石是一种海洋动物，出现于寒武纪的中期，灭绝于石炭纪的早期。它的繁殖发展在奥陶纪达到顶峰，所以笔石也成为奥陶纪的标志性化石。

奥陶纪时期，由于剧烈的火山活动、地壳变动、冰川运动等一系列事件，气候呈现极不稳定的状态，大陆整体往南移动。在低纬度海洋中，生活着形态各异、大小不一的笔石动物。它们个体的单体可能只有 1—2 毫米，但整体的笔石体长度可以达到 1 米。笔石由胞管和胎管构成，胞管则由胎管中生长出来。笔石动物的个体很小，但是它们衍生出来的胞管却很长。有些笔石像极了树枝，枝条交叉，让人想到墙壁上匍匐生长的爬山虎。这些"树枝"是它们的胞管。它们就像树一样，扎根于海底，然后顽强向上生长。有的像一把大伞，上端像蘑菇的伞帽，有中空的腔。这个"伞帽"就是指笔石的胎管。少数特殊的笔石会带有甲壳，这类笔石仅仅存在于奥陶纪与志留纪的欧洲地区，是地区性产物。

笔石动物的生活方式有两大类：一类会如同植物一般在海底扎根生长；一类则是随波逐流，依靠自己的触手摆动摄食。触手在水中随水流而摆动的样子很像水墨颜料倒入盆中渲染开来的流动的迹象，色彩随水流动，像春日里风吹过而扬起的柳枝条。

笔石 / 金幸生供图

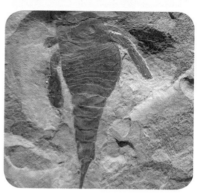

志留纪节肢动物 / 金幸生供图

　　笔石动物的生殖方式包含了有性生殖和无性生殖。笔石动物刚出生时，受精的虫卵离开母体，发育长大，这种生殖方式属于有性生殖。但当笔石动物开始自行萌生胞管，连续重复此种行为，最终形成一个整体的笔石体时，又属于无性生殖的范畴。

　　今天我们发现的笔石，通常保存在黑色的页岩里面。其形态是压扁了的碳质薄膜，与铅笔中的石墨类似，所以才会看上去如同铅笔书写下的痕迹。有时候，保存在页岩中的笔石会出现一种独特的"笔石页岩相"。这类化石多含以笔石为主的浮游动物，而少含底层栖息动物。这种岩相意味着平静的深海环境——海底氧气含量低，以及含有丰富的硫化氢和黄铁矿。这是奥陶纪和志留纪早期典型的生物相。它昭示了当时的古生物所处的年代和环境状况，也提醒人们关注发现矿产资源的可能性。

科学家们研究笔石，看重的是它身上的指示作用——就像它的名字一样，笔石就是岩石上的书写者，它正是在岩石上面书写历史。

这些生动的书写者留下的"史书"，既可以用于指示环境，也可以用来判断所属的年代，为科学研究提供更多参考。

下一次看到身边随处可见的石头时，不妨拿铅笔画一画、试一试，看一看画出的痕迹，是否真的与笔石相仿呢？

五、鹦鹉螺：无尽海洋中的潜艇号

在小说《海底两万里》中，尼莫船长驾驶着一艘无所不能的潜艇——"鹦鹉螺号"。这艘舰艇完全不需要陆地上的供给，在海洋中如鱼得水，受得住深海的水压，切得破南极的冰山。这艘潜艇的名字取自奥陶纪的海洋霸主——鹦鹉螺。

角石（直壳状的头足类）

鹦鹉螺，因其外壳表面有赤橙色火焰状斑纹，酷似鹦鹉，而得此名。它的足（触手）环生在头前部口

的周围，因而在古生物分类中被归为头足类。它的化石最早发现于寒武纪晚期的地层中。进入奥陶纪，鹦鹉螺成为海洋霸主，达到种群的极盛，之后逐渐衰退。与大部分的古生物不同，鹦鹉螺并没有灭绝，现在世界上还留着少量种类，虽然已无当年盛景，但鹦鹉螺也是当之无愧的"活化石"。

　　现在的成年鹦鹉螺壳体一般长度不超过 20 厘米，但是最大的鹦鹉螺壳体可达 26 厘米。它的壳呈螺旋形圆盘状，薄而轻，光滑又卷曲，底色是干净的乳白色，间夹如火焰般绚烂的纹色。

鹦鹉螺化石 / 卢立伍供图

鹦鹉螺多在距离海平面 100 米以下的深水层活动，它通常在夜间比较活跃，在白昼歇息。它的抗压能力极高，甚至可以在水下 600 米的地方生活，在海底用足（触手）爬行。在暴风雨过后的宁静夜晚，鹦鹉螺会成群结队地漂浮在海面上，完全舒展自己。

鹦鹉螺既能生活在海底，又能在海水之中畅游。一个背着甲壳的生物，它是如何获得游泳本领的呢？秘密就在它的壳体之中。鹦鹉螺像我们常见的螺类一样同属软体动物，它的活体住在自己分泌物建成的钙质壳之中。随着活体的成长，它的壳体也由最初的部分一级一级向口部拓展，活体就住在最新生成的壳室中。其他的壳室之间以隔壁相互隔开，仅通过一个叫体管的中空管状结构串联在一起。借助体管，鹦鹉螺能够自由调节壳室中的水量，从而控制在海洋中的升降，使自己成为能游泳的动物。潜水艇的发明正是模仿了鹦鹉螺的排水机制。

鹦鹉螺死后，身躯软体的部分会与外壳脱离，消失在大海中，但是外壳会漂泊于海上，漂向四方。因此，鹦鹉螺化石在世界各地

都有发现。如同水手（拉丁文 Nauta），鹦鹉螺（Nautiloidea）也是把自己的一切留在了海洋，它就是这片海洋之中自由的潜艇。

在古生代，鹦鹉螺的足迹遍布全球，是几乎可以比肩恐龙的强悍的肉食动物。特别的是，鹦鹉螺作为头足类动物的一员，具有脑神经节、足神经节、内脏神经节，形成初级的中央神经系统，让我们看到了脑的雏形。

鹦鹉螺化石还具有极强的指示作用。科学家们可以通过鹦鹉螺化石上的生长线来判断它属于哪一个时代，且通过生长线的数量推测当时月球与地球的距离。鹦鹉螺的生长线每月长一条，而随着化石年代的上溯，生长线数也随之减小。新生代鹦鹉螺的生长线数远远多于古生代。最终科学家们推断出当时月亮的公转周期，成功得出月亮在逐渐远离地球这个结论。在揭示地月关系这一点上，鹦鹉螺功不可没。

作为海洋中的古老"潜艇"，鹦鹉螺现在还孤寂地游荡在海洋之中。与此同时，它们的祖先，以化石的面貌来到我们中间，以那样精美的纹饰和独特造型，述说着属于鹦鹉螺的遥远时代。

第二章

　　世界惨遭大灭绝的打击，三叶虫和鹦鹉螺的凋零让海洋变得有些空荡。而大灭绝，仿佛是为繁荣做的铺垫，生物在空旷的海洋之中大显身手，鱼类填补了海洋的空白。泥盆纪是鱼类的时代，脊椎动物在这个纪元里迅速发展了属于自己的第一个大类。生物还在努力尝试着

复苏的世界

在不同的环境里寻找自己的生存方式。植物被风浪席卷到陆地上，尝试在新环境扎根生长。黔羽枝带着浓浓的谜团，让人想要去发掘内里的真相。库克逊蕨就像是植物登陆演化的标杆，指明了方向。

一、鱼类：那场演化的旅行

鱼类是最早的脊椎动物，是所有脊椎动物的祖先，代表了脊椎动物最开始的形态。它在水中诞生，从一个小小的鱼卵开始，发育成一条完整形态的鱼，直至最后湮灭，是一生都在水中度过的脊椎

动物。后来，脊椎动物陆续走上了陆地，飞向了天空，甚至有些又重回水中，只有鱼类还顽固地保留在水中生活的习性，成为固守在水中的脊椎动物。

通过对不同历史时期的鱼类化石的研究，科学家们描绘出鱼类演化的路径和方向。最

鱼类化石／金幸生供稿

鱼类化石／金幸生供图

原始的鱼类只有一根没有骨化的原始脊椎，如海口鱼和昆明鱼。随着时间的推移，鱼类不断演化，衍生出新的脊椎动物。其中一部分登上陆地发展成为两栖类脊椎动物，进而演化成爬行类、哺乳类和鸟类；另一部分选择留守在水中，发展成为现代的鱼类。观察鱼类的演化过程，不难发现，不论是外在的形态还是内在的结构，都在这场生命的旅行中发生了变化。那么，鱼类在"旅行"中具体经历了什么才发展成现在的样子呢？

（一）无颌鱼类和有颌鱼类

鱼类可以分为无颌类和有颌类，区别就在于有没有上下颌，以及能否自然张嘴闭嘴。

秀甲鱼（中国的甲胄鱼）/ 卢立伍供图

最开始的鱼类都是无颌类，其中常见的是身披"盔甲"的甲胄鱼类。甲胄鱼生活在古生代，出现于奥陶纪早期，灭绝于泥盆纪晚期。

甲胄鱼是一种底栖鱼类，它个体较小，一般不会超过15厘米，没有成对

的鱼鳍，游泳能力欠佳，在海底过着爬行的生活。由于没有可以开合的颌部，它只能通过吸取过滤数量庞大的浮游生物来摄食。

　　甲胄鱼这个名字源于它骨质的装甲外壳，就像是全身装备着盔甲一般，其目的是抵御捕食者。这身装甲也是鱼类化石记录中最早的骨头。甲胄鱼凭借装甲抵御捕食者的攻击，在海洋中脱颖而出，生存发展。然而"成也装甲，败也装甲"，沉重的装甲让它们行动缓慢，活动范围受限，最后已然无法适应整个环境，只能遗憾退场。

　　甲胄鱼的灭绝是无颌鱼类的一个缩影。盛极一时的无颌鱼类的势头不断萎靡，逐渐淡出人们的视线。现存的无颌类只剩下圆口类，也就是

镰甲鱼／摄于上海观止矿晶博物馆

七鳃鳗和盲鳗，这两种鱼的形态其实更接近于海口鱼和昆明鱼。

志留纪时期，脊椎动物中的鱼类有过一次大爆发，这次大爆发不仅使无颌鱼类壮大，更重要的意义在于有颌鱼类的兴起。盾皮鱼是最早的有颌鱼类。它和无颌鱼类的不同之处，就是它有上下颌，能更好地获取食物。除此之外，它还有成对的鳍，活动能力要比甲胄鱼好得多，捕食也更加方便。所以盾皮鱼的体型比甲胄鱼更大。但盾皮鱼同样有一副重重的骨甲，所以活动范围与甲胄鱼相差不大，都是处在水底和近水底的位置。

邓氏鱼是盾皮鱼中的典型代表，体长可达 10 米，体重则能达到 4 吨。它是泥盆纪海洋中最大的鱼类，同时也是顶级的捕食者。它咬合力极强，当时的海洋生物中，没有谁能在它的一记咬合下全身而退。它捕食速度极快，张嘴的时候，能在 0.02 秒之内形成巨大的吸力，把猎物吞入口中。如此优秀的力量和速度同时集中到一种生物身上，无怪乎邓氏鱼在当时的海洋中难逢敌手。也因此，邓氏鱼的食谱内容几乎涵盖了整片海洋内所有的生物，甚至包括它的同类。

邓氏鱼 / 金幸生供图

尽管造物主如此偏爱邓氏鱼，赋予它强大的能力，但美中不足的是，它有消化不良的毛病。从邓氏鱼化石遗迹中可以观察到，它的食物没有被完全消化就排出了体外。也许正是因为如此，邓氏鱼的食欲才格外旺盛，需要加倍捕食，从食物中获得更多的营养吧。

如今，盾皮鱼都消失在泥盆纪晚期的那场大灭绝里。它们曾经有着辉煌的历史，但哪怕是当年顶级的捕食者邓氏鱼，到今日也与自己的猎物混在一起，成为一堆化石。

（二）软骨鱼类和硬骨鱼类

按照骨骼的性质，鱼类同样可以分为两类，软骨鱼类和硬骨鱼类。软骨鱼类的骨骼完全由软骨组成，而硬骨鱼类的骨骼主要由硬骨组成。

软骨鱼类出现在泥盆纪中期，从盾皮鱼发展而来。它们有着流线型的身形，游泳能力极佳，和盾皮鱼一样，身体上覆盖着盾式的鳞片，质地粗糙，尾部是歪型。现存的软骨鱼类主要是鲨、鳐和魟。

鲨鱼在我们的心目中应该是强大的代名词。听到鲨鱼，我们脑海中会率先浮现出深海、血液、死亡等词汇，自然而然产生恐惧感。裂口鲨是早期鲨鱼的代表，现代鲨鱼的祖先。它主要生活在泥盆纪和石炭纪，体长在 2 米左右，在头部后边和躯体中间拥有 2 个背鳍，相貌和今天的鲨鱼较为接近。裂口鲨的颚骨相对现存的鲨鱼来说更

脆弱，上颌与颅骨的连接方式非常原始，构造简单。外观上呈竖裂缝型，如同裂开的大嘴，占据了它面部的大部分位置，因此得名裂口鲨。裂口鲨遇到猎物时，不仅会动用它尖锐的密布的牙齿，还会用自己叉型的长尾巴包裹住猎物，再一口吞下猎物，同时，牙齿的构造又很好地保证了猎物不会逃脱。

但是，在泥盆纪，裂口鲨并不是顶级捕食者，真正的霸主是上文提到的邓氏鱼，甚至，邓氏鱼还常常以裂口鲨为食。邓氏鱼的捕猎方式异常凶狠，会将猎物撕扯开来，所以在它的化石里常常可以看见裂口鲨被撕裂开的身躯。

相比软骨鱼，硬骨鱼的种类和数量更多，包括软骨硬鳞类、全骨鱼类和真骨鱼类。

软骨硬鳞类——拥有骨质的鳞片和骨质的脑颅，所以被划分为硬骨鱼类，但是体内依旧保留着不少的软骨组织。它和软骨鱼类有着很多相似之处，尾巴呈现歪型或者半歪型。其中，具有代表性的鱼类是古鳕鱼类。它们在石炭纪达到顶峰，在三叠纪衰退，最终在白垩纪被淘汰。

保存在结核中的鱼化石 / 金幸生供图

全骨鱼类——硬骨鱼发展的第二个阶段，它们的形态和软骨硬鳞鱼有着较大的差别。全骨鱼类与软骨硬鳞鱼不同，体内的骨骼已经转化为骨质，并且鳞片也逐渐变薄。全骨鱼类在三叠纪开始出现，在中生代的后期被后来者取代。

真骨鱼类——硬骨鱼演化到最高级时的样子。它的尾鳍变得对称，这点与前面两类完全不同，鳞片变薄且成圆形，内骨骼高度骨化。真骨鱼出现在侏罗纪，在白垩纪和古近纪广泛分布。它们能适应各种各样的环境条件，在各个水域基本都能看见它们的身影。如今我们看到的鱼，大部分都属于真骨鱼。

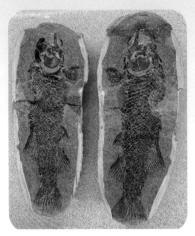

鱼类化石 / 金幸生供图

　　无颌和有颌，软骨与硬骨并不是 4 个并列的概念，它们是有交集的。比如盾皮鱼，就同为软骨和有颌类。在泥盆纪时，常用有颌和无颌来区分。但是当绝大部分的鱼类都演化出颌之后，这个分类就不那么精确了，于是便按照骨骼的性质再次分类。

　　生物演化的原因是基因的突变。基因的突变导致了生物性状的

改变，这表现为生物活动、身体形态的改变。环境会对其进行选择，然后选择更能适应、更能存活下来的生物。那么，现在的鱼类是这场"旅行"的终点站吗？答案当然是否定的。我们现在所见证的，并不是"旅行"的终点站，而是生物演化的进行时。

二、维管植物：远古大陆的探险者

　　地球表面 70% 的面积都被水覆盖。海洋，是生命的摇篮，生命在海洋中孕育、演化，使大海充满喧嚣和生机。当辽阔的大海也装不下梦想的时候，勇敢的探险者们将目标瞄向了大陆。那么，是哪位探险家，在什么时间，最早登上了陆地呢？

　　最早尝试登陆的植物是绿藻。绿藻原本漂浮在海洋之中，当它们被海浪席卷上陆地后，失去了水的浸润，它们只能互相依托挤压在一起，相濡以沫。这是一种十分令人留恋的生活方式，因此有一些绿藻植物就长期维持着这样的生活，在比较低矮的、靠近海平面的位置，在阴暗潮湿的环境里，最终演化成苔藓；但也有一些绿藻则在努力改变自我，追求高度，终于，在距今 3 亿年前的泥盆纪，

演化出维管植物——裸蕨，成为原始陆地的首位降临者。

维管植物是指体内具有维管组织的植物。维管组织是由木质部和韧皮部组成的输导水分和营养物质，并有一定支持功能的植物组织。在植物进化过程中，维管组织的分化和出现，对于植物适应陆生环境具有十分重大的意义。

海洋中的植物，有水可以依托，有水的浮力，但是陆地上可没有东西给新生的植物支持，输送水分和养料。这时，维管的出现完美地解决了这个问题。维管可以向上输送水分和养料，同时还对植物起到支撑的作用。它是植物能够克服重力因素往上生长的重要原因。

原始的维管植物的顶端有孢子囊，它依靠孢子繁殖。孢子可以悬浮在空气之中，随着风和水流漂流，所以它的传播范围很广。维管植物分布极广，它分散在大部分的大陆上，是那个时候陆地上分布最广的生物。维管植物的适应力很强，它们可以在适当的环境里萌发生长，繁衍生息。

海洋和陆地环境的另一个差别就是水分。在海洋中生活的植物估计从来都不用担心自己摄入的水分不足。但是陆地不行，土壤含

水量远远比不上海洋，同时还要面临水分蒸发的难题。植物叶子的表皮和气孔就是为了应对陆地的环境。植物叶片的表面一般会有一层薄膜，那就是表皮，它可以有效防止植物水分的蒸发，以防水分过多地流失。膜上有一些小白点，就是气孔，它用于呼吸。这些都为维管植物顺利脱离水体，在陆地上安定生活打下了坚实的基础。

早期的陆地是非常荒凉的，既没有适合生物生长的土壤，也缺乏有机质胶结，十分松动。在维管植物到来之后，大地才拥有了绿色。维管植物扎根于土壤之中，活着的时候进行光合作用，向大气中输送氧气，死后则落叶归根，成为土壤中的养分。但有些维管植物的遗体并没有被微生物分解，而是被周边的沉积物掩埋，在成岩作用下，变成了我们今日所见到的化石。

（一）神奇的黔羽枝

贵州遵义的凤冈县，崇岩秀霭，曲涧幽泉，景观奇特，被誉为"黔中乐土"。

但是，凤冈的奇特并不仅仅表现在它的景观上。1993 年，中国科学院南京地质古生物研究所在这里找到了最早的陆生维管植物——黔羽枝。

"缀羽依枝倦，飞花坠席馨。"

绮丽的飞鸟疲倦地立在枝头，它的羽毛覆盖在树枝上，就像是枝干上长出了鸟的羽毛。又或者说，羽毛本身就像枝干，它如叶片，中间的羽轴恰如叶片的主脉，两侧的羽枝，也就是从羽轴中发散出来的细丝，和叶片的侧脉如出一辙。

黔羽枝化石／贺一鸣拍摄于南京古生物博物馆

黔羽枝，因其产自贵州，而其形态又似羽枝，故得此名。它被发现于志留纪的地层，形态与早期的维管植物有极大不同。黔羽枝的发现在国际化石界引起轩然大波，大家称其有"不可思议的形态"。

黔羽枝生活在距今 4.4 亿年的凤冈县石径乡洞卡拉区域。那时，由于全球降温，海平面下降，陆地范围增大。洞卡拉是一片风平浪静的避风海湾，气候相对于其他地方较为温暖，并没有受到冰川的过多影响，就像是在冰封大陆之中的暖房，许多生物得以幸存，其中就包括黔羽枝。它是一种没有叶片、仅有羽枝状枝条的植物，像海洋之中的礁石一样，时而露出水面，时而被海水覆盖。

根据化石所处地层的时代来推测，黔羽枝比最原始的维管植物——库克逊蕨（距今 4.26 亿年）还要早 500 万年，但是它的形态却超越了早期维管植物的范式。早期的维管植物比如库克逊蕨，结构非常简单，而黔羽枝则不一样，它华丽的羽枝像是高度演化后

的结果。再者，黔羽枝是一种大型植物，它拥有和维管植物近似的胞管，但表皮上没有气孔，顶端也没有孢子囊。

黔羽枝的独特性，让科学家们提出了各种假设。

也许，黔羽枝化石无意间布局了一个迷阵。它有可能不属于志留纪，而更可能是一种二叠纪（距今 2.99 亿—2.52 亿年）植物，在二叠纪时期，它的根系进入志留纪的地层，扎根于此，最终被封存在志留纪的地层里。

时至今日，它的分类也还是一个谜团。

黔羽枝的身上仍然藏着许多待解的谜团。它奇异的形态、神奇的内部结构，以及扑朔迷离的年代，都等着我们拨开迷雾去一一解答。但不管如何，黔羽枝已经注定是化石中的一个传奇。

（二）循规蹈矩的库克逊蕨

与黔羽枝的不确定性相对，库克逊蕨是确定的维管植物，而且极有可能是最为原始的维管植物。

库克逊蕨，又称顶囊蕨，最早发现于英国威尔士的志留纪晚期地层。它形态简单，没有叶片，也没有根部，只由茎轴组成，呈"Y"字型分叉，匍匐生长。它整体体型较小，仅有几厘米高，矮小而且纤细。

蕨类植物化石 / 金幸生供图

1992 年，古植物学家爱德华兹在英格兰西部泥盆纪早期地层中发现了库克逊蕨化石，并观察到其表皮上清晰的气孔和顶端的孢子囊。气孔是植物登陆陆地的必要组织，而圆球形和肾形孢子囊则是适应陆地的生殖器官。这一发现确定了库克逊蕨作为陆生维管植物的身份。

　　作为维管植物的先驱，库克逊蕨有诸多的追随者。在早期，这一大家族被分为3个纲目：工蕨纲、瑞尼蕨纲、三枝蕨纲。

　　工蕨类出现在志留纪晚期和泥盆纪早期地层之中。虽然构造还是很简单，但对比库克逊蕨，明显要复杂了不少。它们的顶端有着穗状的孢子囊，在孢子囊的基部有短柄，可沿着前缘的切线裂开，工蕨类以孢子扩散的方式繁殖。

　　瑞尼蕨外表形态与库克逊蕨类似，但是总体上瑞尼蕨的分叉要比库克逊蕨多，所以构造也稍微复杂些。它广泛分布于苏格兰的泥盆纪早期地层中。

　　三枝蕨类的形态与瑞尼蕨类似，但是内在构造却更为复杂。它比较高大，直径可达70厘米，是构成森林的主力。因为它留下的化石较少，目前为止也还是个谜团。

　　在志留纪，维管植物的个体都保持在比较小的尺寸内。它们在谨慎地试探着大陆这片新家园。今天，我们所见的植物，从普通的

蕨类、低矮的灌木丛，到高高的大树，带给地球蓬勃的绿色和生机，库克逊蕨的后代们最终非常好地适应了陆地的环境。虽然今日我们已经无法在陆地上找到库克逊蕨本身了，它在泥盆纪就走向了灭亡，但是它的基因、它的努力却留了下来，就仿佛它依旧还活着。

植物已然在陆地上站稳脚跟，石炭纪的地球上出现了大片的森林。它们还寻求着新的发展道路，种子蕨在植物从蕨类演化到裸子植物的方向上迈了一步。动物也在尝试着登陆，但这个过程并不是一帆风顺的。

繁荣的陆地

在不断尝试之下，两栖类出现了。它们想要更进一步，彻底摆脱必须生活在水中的束缚，演化成真正的陆地动物——爬行类。

一、埋葬亿年的宝藏

　　煤炭是世界上的主要能源之一。第一次工业革命时期，人们利用煤炭燃烧释放的巨大能量，成功摆脱物质匮乏和资源危机，人类文明跨入了一个崭新的时代。当今社会，煤炭并没有离场，许多国家仍将煤炭作为主要的能源物质。

　　在生活中，我们也常常可以见到煤炭的身影。每年的 11 月，北方都会开始集中供暖，屋外寒风凛冽，屋内温暖如春，有很大部分热量是由煤炭燃烧提供的。

　　煤炭是一种不可再生的能源，它并不是真正意义上的不可再生，只是再生的周期实在太长，人类的历史长度与它相比，就是小

巫见大巫。人类如果要寄期待于下一批煤炭形成并提供能源，那就更是一种奢望了。

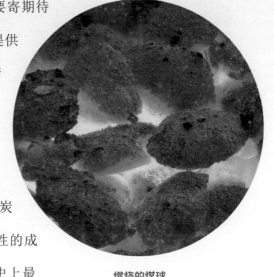

燃烧的煤球

在地质年代表里，有一个纪元就是以煤炭命名的——石炭纪。这是最早的世界性的成煤时期，也是地质历史上最重要的成煤期之一。

石炭纪气候温暖湿润，陆地面积较广，有着大面积的沼泽，很适合植物的生长。得益于此，植物种类繁多，生长迅速，还出现了大片的蕨类森林，为煤炭的形成提供了良好的条件。

此外，石炭纪也是地壳运动频繁的时期，频繁的地壳活动让许

黑色的煤炭

多地区出现了大面积凹陷，植物残骸沉入地底，上覆地层断绝了空气，使植物残骸不被氧化分解，有机物被有效地保存下来。经过亿年的地质演化作用，埋葬在地下深部的植物最终变成了今日人们所用的煤炭。

煤炭是一种带给人类以温暖和动力的化石资源。它是大自然给予人类的慷慨馈赠。

二、另辟蹊径的种子蕨

根据生殖方式的不同，植物可分为孢子植物和种子植物。顾名思义，孢子植物靠孢子繁殖，而种子植物靠种子繁殖。藻类、苔藓类和蕨类均属于孢子植物，而裸子植物和被子植物属于种子植物。

石炭纪时期，陆地上的植被主要是通过孢子繁殖的普通蕨类植物。但有植物另辟蹊径，开拓出一条崭新的道路，它就是种子蕨类。

种子蕨是世界上最古老的种子植物，始现于泥盆纪晚期，在石炭纪与二叠纪达到鼎盛，从三叠纪开始衰退，最终在白垩纪落幕离场。

种子蕨的叶片大多呈羊齿状，叶子形态和蕨类相似，这也导致

种子蕨常常被误认为是蕨类。但重要的是，种子蕨的叶片上生长着
种子。

座延羊齿（种子蕨类植物）/ 南京古生物研究所贺一鸣供图

二叠纪时期，最为普遍和最具特色的种子蕨类植物是舌羊齿。
它的叶片如同羊舌的形状，因此得名"舌羊齿"。它是乔木状的落
叶植物，喜爱温凉湿润的环境，最高可达 4 米。它们偏好在有季节
性变化的气候中生活，同时自身也有着固定的季节性变化。它们的

树干会出现生长轮，由于是一年年生长产生的环纹，也被称为"年轮"。一圈年轮就代表一年的生长，反映了它们这一年的生长状况。

科学家们在非洲、南美洲、大洋洲、南亚和南极洲都发现了舌羊齿化石。但由于舌羊齿的种子太大，也容易破碎，不能随风漂移，更难以漂洋过海，因此科学家们认为舌羊齿化石的广泛出现，为大陆板块漂移理论提供了化石证据。说明在舌羊齿生活的二叠纪，全球各个大陆板块逐渐拼合在一起，形成超大陆。

自从种子蕨类出现，世界已不再全是孢子植物的天下。它一路开拓，演化出不同的方向，新的种种可能，造就了如今的种子植物种类繁多、欣欣向荣的局面。

三、隐秘的腔棘鱼

　　4亿年前的泥盆纪时期，鱼类生物开始往陆地环境发展，这时出现了两种演化方向：一支选择陆地，演化出两栖类；另一支也许是故土难离，尝试陆地后又重返海洋，比如腔棘鱼。

　　腔棘鱼，又被称为"空棘鱼"。腔棘鱼的脊椎是未骨化的弹性脊索，椎体不存在。这样看起来它的脊柱部分就像是空的。它属于有颌类及硬骨鱼类，体型大而沉重，是凶猛强悍的掠食者。腔棘鱼的身体多黏液，鳍呈现四肢的形状，行动灵活，可以在海底爬行。它的化石最早出现在3.5亿年前，在泥盆纪中较为丰富。腔棘鱼的骨化程度较低，有脱离淡水环境转向海洋生活的趋势，这一点引发了关于它中途转变生活环境的猜想。

腔棘鱼化石 / 金幸生供图

在白垩纪以后的地层中，科学家们再找不到腔棘鱼的化石，于是科学界便自然地认为，腔棘鱼在白垩纪之后就已灭绝了。通过化石判断生物存在的时间，这种推理是符合逻辑的，但是大自然中往往有许多出人意料的事件。

时间跨越 6000 万年，本以为已灭绝的腔棘鱼竟和世人再一次会面，正式回到大众视界。1938 年，一艘渔船在马达加斯加捕获了一条奇特的鱼。它的鱼鳞像铠甲一样遍布全身，头部异常坚硬，胸部和腹部长有两对强壮的鱼鳍。它的鱼鳍和普通鱼类有明显的不同。一般鱼类的鱼鳍显得十分轻盈，而这条鱼，与其说那是它的鱼鳍，不如说那是它的四肢。渔民们将这条鱼和其他鱼一样随意地丢在码头上，引起了当时一位博物馆工作人员的注意。她对这条形态奇特的鱼产生了兴趣，咨询了一位南非当时研究鱼类的学者。最终经过确认，这条鱼就是被认为早已在 6000 万年前消亡的腔棘鱼。

这条腔棘鱼显然不可能是坐了时光穿梭机跨越 6000 万年的时间来到现代的，其背后显然存在一个数量更多的群落。马达加斯加渔船意外的收获证明腔棘鱼在白垩纪并没有灭绝。1952 年 12 月，人们在科摩罗群岛捕获到第二条腔棘鱼。之后，在印尼海域、印度洋沿海等地方多有发现。

长兴鱼（腔棘鱼的一种）/金幸生供图

腔棘鱼是怎样在 6000 万年中从未被人类发现行踪，保持一副神秘姿态的？也许，当它从陆地回到海洋后，它选择了某一片不受打扰的海域安静生活，这期间，腔棘鱼种群没有进行大规模的迁徙，没有繁衍出数量庞大的后代……种种偶然的因素汇聚起来，让它拥有了 6000 万年神秘且空白的历史。如今，腔棘鱼主要生活在印度洋沿岸，还有了一个新的名字——"矛尾鱼"。它已经成为世界上存活着的最古老的鱼类，不是冰冷的坚硬的化石，而是活生生的，在海洋中游动着、生活着的鱼类。

四、做填空题的鱼石螈

距今 3.6 亿—3.4 亿年的泥盆纪晚期到石炭纪早期之间，鲜有化石发现，这一段化石空白期，被称为"柔默空缺"（Romer's Gap）。

这一段空缺的时期，恰好是鱼类向陆地进发、两栖类萌发的时期。但因为缺少这类过渡态化石的记录，这一时期的演化过程笼罩着浓浓的迷雾。

此时，鱼石螈笨拙的身姿，出现了。

最早的鱼石螈化石出现于距今 3.55 亿年的泥盆系地层中，被发现于中国宁夏。科学家们根据化石判断，鱼石螈体长将近 1 米，头骨长度就占了 20 厘米，有结实的四肢，可以支撑它在地上行走。此外，它身上出现了原始的五趾形态，有类似"手指"的器官，这一特征在生物演化过程中得到保留并不断进化，今天的陆生脊椎动物大多也拥有分开的趾。当我们张开自己的手时，灵活的五指就是这段演化过程最好的证明。

这个发现直接将亚洲最早的四足动物化石记录提前了将近 1 亿年。

当我们看到鱼石螈的复原图时，脑海中第一个想到的熟悉形象，大概就是蝌蚪成长为青蛙的过渡态吧。它们同样都长出了四肢，但尾巴还没有完全退化。

鱼石螈兼具了鱼类和两栖类的特点。它身上的鳞片和尾鳍就是鲜明的鱼类特征。但有别于鱼类完全固定的头部，它前肢的肩带并不与头骨完全连接，这让它能自由活动头部。因此，鱼石螈常常被视为从鱼类进化到两栖类的过渡类。

生物在水中的生活和陆地上有极大不同。以行动方式为例，鱼类可以在水中自由游动，但当它们来到陆地上，只会寸步难行。陆

地上的许多动物进化出了足，依靠足行走。但鱼石螈选择了一种不同的移动方式。

鱼石螈采用的是类似"缩进式"的移动方式。在向前移动时，它会先抬起后肢，拱起腹部，身体向前倾，等后肢落下后再抬起前肢，完成整体的移动。就像我们在上台阶的时候，不选择一贯的左右脚交替迈步，而选择一种格外笨拙的方式：左脚先上一级台阶，右脚跟上，

鱼石螈

双脚站在同一道台阶上，再以此迈进。鱼石螈这个初来陆地的"新手"，以这样缓慢且不便的行动方式，很难适应陆地环境，这种行

走方式也与后续两栖类的发展有所差异。科学家们推测，鱼石螈可能不一定是两栖类的祖先，也许只属于早期两栖类的一支旁系。

　　生物的演化并不总是一帆风顺的。进化树上枝繁叶茂，主干鲜明，但也会出现像鱼石螈这样的旁支，为生物的演化发展试出一条"死路"。有时，还会出现走"回头路"的现象。因此，可以想象，在整个生物演化的过程中，像鱼石螈这样的"非主流"不计其数。无论鱼石螈的为"柔默空缺"增加了色彩，还是它慢慢远去的背影，都值得我们致以敬意。只有经历一次又一次的试错，生物才能摸索着找到最适合自己的发展道路，最终组成我们现在看到的绚烂的生物世界。

五、西蒙螈：水陆间的来往者

西蒙螈是二叠纪时石炭蜥类里一个重要的种类。它们体型较小，强壮有力，已经能够良好地适应陆地生活。

西蒙螈分类饱受争议，它到底属于两栖类，还是爬行类？西蒙螈的头骨和牙齿符合两栖类的一般形态，而头后的骨骼却符合爬行类的特征，身体构造更像是已经适应陆地的爬行类。最终，欧洲西蒙螈幼体化石的发现终结了这场辩论。化石显示幼体生有外鳃，头骨和体型都表现出明显的水生特征。这个发现宣告了最终的结果——西蒙螈属于两栖类动物。

两栖类是动物从水生到陆生的一种过渡形态，处于从水中到陆

地的适应阶段，兼具了在水中和在陆地上生活的能力。离开海洋来到陆地，为了适应陆地的生存环境，势必要做出一定的改变去应对环境的变化。

第一个要解决的是身体水分保持的难题。

生活在水中的鱼类，体内水分含量在 70%—80% 之间。从鱼类进化而来的两栖类，体内也需要保持大量水分。但与鱼类处于水环境中不同，两栖类生活在陆地上，暴露在空气中，因此它们面临的最大难题就是如何防止失水。它们的部分做法是将皮肤初步角质化，抑制水分蒸发。西蒙螈的皮肤因此比较干燥，确保不会蒸发太多水分，且具有储存水分的功能。

尽管如此，两栖类并未完全解决失去水分这个难题。它们还需要在水中度过它们的幼年时代，成年后可以在水陆两地来往，不过，在陆地上待久了也需要不时回到水中静息。所以它们成为海洋陆地的跨界生物。

白垩纪的格尼蛙（两栖动物）/ 摄于上海观止矿晶化石博物馆

　　第二个难题是行动方式的适应。

　　动物在水中行动，会受到水的浮力作用，这让它们可以轻松地在水中移动。但到陆地上，就失去了浮力的帮助，需要靠自己支撑

起身体。因此，脊椎连同背部、四肢的肌肉，就成为两栖类坚固的支撑结构。为了行动协调，它们的四肢与脊椎更紧密地连接在一起，整体的结构变得十分紧凑。大部分两栖类的四肢较短，相较爬行类，不能称为进化完全的陆生动物。西蒙螈的四肢在两栖类里显得长而有力，足以支撑身体，是两栖类里较好适应陆地环境的一种动物。

第三个难题就是呼吸方式。

氧气在水中的溶解度很小，而空气中的含氧量明显更高，对于陆地生物来说，其实变得更有利了。但由于水和空气截然不同的性质，两栖类必须再琢磨出一套不同的呼吸系统。在幼年时，西蒙螈和鱼类一样，在水中用鳃呼吸。随着幼螈长大，原来的内鳃消失，成体就改用肺呼吸。这让我们不禁感叹于生物强大的适应性，身为两栖类的西蒙螈，于幼年时使用鱼类的呼吸器官——鳃，一旦作为成体踏上陆地，就大胆地启用"新装备"——肺，它能随着生活环

境的改变，彻底地改换自己的呼吸方式，展现了生物的强适应力。

两栖类相当于动物从水中来到陆地上的一种过渡形态。但是由于生物本身就在不断地进化着，所以每一种生物，都是某一类走向另一类的过渡形态。

六、林蜥：陆地的适应者

林蜥来自石炭纪晚期，身长约为20厘米（包括尾巴），体型和形态都近似于今天的蜥蜴。林蜥的化石主要发现于加拿大。

林蜥是目前发现的最古老的爬行类动物，代表了真正的陆生动物。爬行类由两栖类演化而来，相较于两栖类，它们已经脱离了对水体的依赖，可以独立地生活在陆地上。

爬行类为了适应陆地的环境做了相当多的努力。它们的皮肤覆盖了一层角质化的鳞片，使得水分蒸发的速度大大下降，在水中生活不再是一种必需。行动方式则和四肢的改变有关：两栖类动物的四肢短，腹部和四肢基本处于同一个平面，这使得它们的行动能力

大打折扣；爬行类动物的四肢更长，可以使它们的腹部有不同程度的抬高，运动更加灵活，也提高了整体行动的速度。所以整体的捕食能力也上升了。

而更加重要的一点，同时也是两栖类和爬行类的决定性分歧，在于它们的繁殖方式。

两栖类的水陆两栖，指的是幼体在水中发育成长，成体可以在陆地上生活。但是爬行类无须回到水中繁衍后代，它们的幼体可以在陆地上出生。这得益于羊膜卵。在生殖排卵时，爬行类产的卵有别于以往——羊膜卵拥有一层坚硬的卵壳，内部还有一层致密的羊膜，可以有效地防止内部水分的散发，对胚胎起着保护的作用。卵壳的表面还有许多的微孔，用来与外界进行气体交换。羊膜卵为胚胎的发育生长提供了一个良好的环境，同时也保护着胚胎，使之不受外界的侵害。

除此之外，林蜥还在另一些方面与两栖类不同。林蜥有更长也更高的头骨，在脑容量方面比两栖类更胜一筹。它的牙齿锋利，在上下颌的边缘拥有小尖牙，是优秀的肉食主义者。林蜥的脚趾间分离，没有蹼，这也说明它并不需要在水中生活，更适合在陆地行走。林蜥还有一条长尾巴，在行动时用来保持平衡。与两栖类相比，作为爬行类的林蜥可以选择的生活环境范围更加广阔，不再一味地被水源所拘束，而是深入陆地，走得更远。

第四章

中生代也被称作"爬行时代"。海洋中的鱼龙，兼有鱼类的形态和爬行类的结构，在水中流畅航行；始盗龙拉开了恐龙时代的序幕；梁龙沉重的步伐震荡起大地的回响；霸王龙如同正午的阳光，威力照

海陆空中的爬行类

耀世界；翼龙在天空中俯瞰着大地，两翼之下风起云涌；夕阳下角龙随着余晖走向地平线，随后被夜色吞没。中生代，迎来一段充满魅力的传奇。

一、鱼龙：中生代海洋的领航员

北京大学地质博物馆的镇馆之宝，是一条全长 6.7 米的贵州鱼龙化石；中国地质大学（武汉）逸夫博物馆的镇馆之宝，则是体长 8 米多的梁氏关岭鱼龙。两个化石均为三叠纪的大型鱼龙化石，具有较高的科学研究和观赏价值。

鱼龙化石／金幸生供图

鱼龙——听到这个名字，是不是会联想到恐龙呢？"鱼"代表了它和鱼类的相似性，"龙"则让它关联了恐龙。有趣的是，虽然和恐龙有着相似之处，但它并不是恐龙，而是一种类似鱼和海豚的大型海栖爬行动物。

鱼龙体型硕大，前面讲到的梁氏关岭鱼龙成年体的体长可以达到 10 米，而世界上发现的最大的鱼龙化石长达 23 米！我国的鱼龙化石多发现于云贵高原，桂林理工大学地质博物馆里藏有一具长达13 米的鱼龙化石，这是我国博物馆馆藏中最大的一具鱼龙化石，价值非凡。

黔鱼龙化石

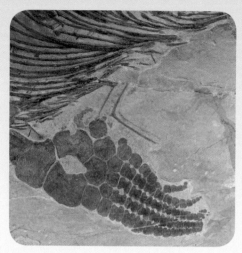

鱼龙的鳍 / 金幸生供图

在三叠纪早期，云贵高原还是一片大海，一直到距今 2.08 亿年的三叠纪末期，地壳抬升，才形成云贵高原，鱼龙化石也见证了那个时期的巨变。

鱼龙最早出现在距今 2.5 亿年的三叠纪早期。由于三叠纪总体气候变得较为干旱，三叠纪时期陆地的环境并不友好，动植物减少，而海洋则受气候的影响较小，食物充足。科学家们推测：就是这样的原因，某种陆生爬行动物毅然重返海洋，演化成鱼龙，四肢演化成类似鱼鳍一般的器官，和现代的哺乳类动物——鲸和海豚的演化轨迹相似。遗憾的是，科学家们暂时还没有找到可以称为它们祖先的生物的化石。

得益于硕大的体型优势、强大的游泳能力、长而尖的嘴以及锋利的牙齿，鱼龙成为三叠纪、侏罗纪时期顶级的捕食者，是当时海洋中当之无愧的霸主。奈何"江山代有才人出"，到了白垩纪，蛇颈龙强势崛起，取代了鱼龙海洋霸主的位置。鱼龙逐渐销声匿迹，最终退出了历史的舞台，但它留下的化石，让我们在今日依然能看到它叱咤海洋的英姿。

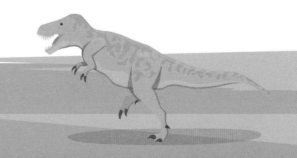

二、恐龙：中生代陆地的霸主

　　中生代对整个生物进化史来说，是一个非常突出的时代。新兴出现的被子植物、鸟类和哺乳类拓宽了生物圈的天地，而裸子植物和爬行类动物则迎来一段属于它们的黄金时期。有无数种生物在中生代出现并繁荣，然后或传承，或灭亡。如果说中生代的生物进化史是一本书的话，本节所要介绍的对象就是这本书中必不可少的亮眼角色。

　　恐龙，在中生代的侏罗纪、白垩纪时期，是陆地上动物世界最宏观的图景。从外形上看，恐龙和蜥蜴的形态极为相近，不过，通常恐龙的体型比蜥蜴更大，四肢或者后肢能支撑身体直立行走。

恐龙生态复原场景 / 金幸生供图

恐龙生态复原场景 / 金幸生供图

说到恐龙，许多人也许会因"龙"字自然地联想到神话中的龙。不过，恐龙的形象与我国传统神话里龙的形象有较大的出入。恐龙的头上没有犄角，也不长龙须，身形也不够修长。在中国神话中，龙大多掌握人所没有的自然力量，人们对它们既怀有敬畏之心，也充满好奇。恐龙的"恐"字，既能解释为恐怖，也能引申为更中性的臣服，这也与中国神话中龙的形象有相应的关联。

恐龙的种类很多，虽然大家给它们一个统一的名字"恐龙"，但是彼此之间仍有不小的区别。科学意义上的恐龙仅包括陆生爬行的"龙"，因此前文提到的鱼龙和后文将讲到的翼龙，尽管都冠以"龙"之名，却并不属于恐龙。

分类学上，恐龙可以分为蜥臀目和鸟臀目。著名的霸王龙就是蜥臀目的代表哦！鸟臀目则是植食性的恐龙，身披剑甲的剑龙就属于鸟臀目。

蜥臀目中的兽脚亚目恐龙足迹／金幸生供图

鸟臀目中的鹦鹉嘴龙化石

在这里，我们仿照一天的时光推进，来展示恐龙们的出场。

（一）黎明：始盗龙

始盗龙生活在距今 2.3 亿年左右的三叠纪晚期。它的英文名 Eoraptor，有"掠夺者"之意，也被称作"黎明的盗贼"。

1991 年，有位古生物教授探访位于南美洲阿根廷的月亮谷。很久之前，这里曾有一片湖泊，如今，湖泊早已干涸成一片荒地。这位教授戏剧性地在曾经是湖底位置的一片乱石中发现了始盗龙的化石，从一块头骨开始，逐步发现了一整副完整的骨骼。世界上最古老的恐龙就这么被发现了。

出现在"黎明"的始盗龙，体长仅有 1 米，是一种小型恐龙。它前肢短小，后肢较长，前肢甚至没有后肢的一半长度，前肢举在胸前，整体呈现直立的姿态。由此推测，始盗龙极有可能是依靠两足行走。观察始盗龙的化石可以发现，它口腔内部的前半部分牙齿呈树叶状，方便食用植物，后半部分呈锯齿状，就像人的虎牙，适合撕咬肉类，这些说明始盗龙很有可能是杂食性动物。

始盗龙属于蜥臀目恐龙。它继承了两栖类的五趾特征，也有五

根脚趾，但主要依靠三根脚趾支撑身体，事实上，它的第五根脚趾已经退化，变得非常小，而第四根脚趾也只是在行走时起辅助支撑的作用罢了。

在距今 2.3 亿年的三叠纪晚期，全球气候变得潮湿多雨。此时，位于南半球的南美洲还未拥有高耸隆起的安第斯山脉，地势较为平坦。在阿根廷的月亮谷，气候炎热潮湿，有湖泊提供水源，植被丰富，蕨类植物盛行，环境条件优越。相应地，这里也生活着许多的动物，其中就包括始盗龙。

作为出色的猎手，捕食是始盗龙的强项。在捕猎时，始盗龙会隐藏在暗处伺机而动，一旦有猎物经过，就猛然出击，像是经验丰富的刺客，追求一击毙命。如果需要追击，始盗龙也毫不畏惧——它的体型较小，行动灵活，急速追上猎物后会用利爪和牙齿撕咬猎物。它多以小型动物为食，有时也捕杀和自己体型差不多的动物。

始盗龙活跃于三叠纪晚期的南美洲，象征着恐龙时代的黎明，尽管不像正午一样明亮炽热，但仍然殊为重要，整个恐龙时代的帷幕就此缓缓拉开。

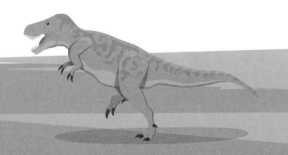

（二）早晨：梁龙

到了侏罗纪，陆地上的植物以裸子植物为主，植被范围扩大，整个生物圈都欣欣向荣。

沐浴着早晨的阳光，梁龙在地平线上投下巨大的身影。它的长颈长尾巴极富辨识度，梁龙的身体总长可以达到 26 米！可算是陆生动物植食类同胞体型最大群体中的代表。梁龙的背部骨骼较轻，实际重量较体型相仿的其他恐龙并不十分惊人，当然，这也是相对而言，成年梁龙的体重仍然可以达到十几吨。梁龙还有一个名字，叫作"地震龙"，拉丁文名为"Seismosaurus"，意为"让大地震动的蜥蜴"，从这足以看出它体型之庞大。

梁龙的尾巴强劲而有力，可以帮助它反击捕食者，也可以平衡它同样修长的脖颈。我们第一眼看到梁龙长长的脖颈时，也许会想到现代动物界同样拥有长脖子的长颈鹿。长颈鹿的脖子能让它吃到高处的树叶，那么，拥有长脖颈的梁龙也是如此吗？事实并非如此，梁龙的整条脊柱，包括它身体与脖颈连接处的骨骼，都基本处于一

条水平线上，长颈鹿的骨骼则在脖颈处有明显的拔高趋势。也就是说，梁龙的骨骼构造根本不足以支撑它的颈部高高地抬起，只能让它在极有限的高度内觅食，或是帮助它在摄食低矮植物的时候无须移动身体，扩大觅食的范围。

由于梁龙的体型巨大，保存有梁龙完整骨架的化石就显得尤为珍贵。2009年，在美国怀俄明州，两个小男孩正在自家院子里玩耍。他们的父亲是一位古生物学家。也许出于自己的职业天性，又或许只是随口一说为了打发孩童的乐趣，这位父亲让他的儿子们去自家地里，看看能不能挖到什么。令人惊奇的事情发生了，他们真的在院子里发现了巨大的骨头！这些骨头拼组起来成为一具完整的梁龙骨架，长16.8米，高约6米，几乎有两层楼之高。这样完整的梁龙化石可以说举世罕见，全世界迄今为止也只发现了6具。古生物学家给它取了个名字——"米斯蒂"（Misty）。很难想象，这具长达16.8米的梁龙化石是如何经历1亿多年的漫长时光保存至今，维持完好的形态的。从这一角度看，这具化石称得上一个奇迹。

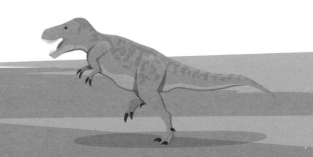

恐龙时代的早晨，在和煦的阳光的照耀下，梁龙一步一步缓缓走来，大地为之震响，让人心生敬畏之情。一个时代的鼎盛仿佛正以梁龙的脚步声作为宣告：恐龙，这个陆地的霸主，即将君临天下。

（三）正午：霸王龙

白垩纪晚期的时候，全球气候变得干燥，陆地面积增加，不同地方的气温差异变大，植被衰落，生存变得艰难起来。即便如此，恐龙依然作为重要角色活跃在生物圈的大舞台上。霸王龙，在这一阶段，撑起了恐龙的排面。

霸王龙是蜥臀目中的典型代表，体长可达 13 米，身高可以接近 6 米，体重 6—8 吨，是体型最为健壮的食肉恐龙。它的头部格外庞大，还有一张血盆大口，咬合力惊人，可以轻松碾碎骨头，是凶猛的肉食类恐龙。霸王龙在希腊语中的含义是"残暴的蜥蜴王"，与梁龙单纯依靠体型造就的压迫性不同，霸王龙的肉食性给它平添了几分残暴。

与植食类的恐龙相比，肉食类的恐龙需要捕食猎物，显然对机

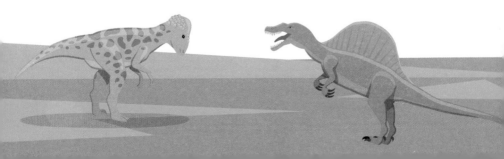

动性有着更高的要求。霸王龙就是一个典型——它的前肢短小，后肢强壮，依靠一对后足走路，行动上比四脚行走的恐龙更为灵活，那一对短小的前肢则极可能是它维持身体平衡的一种方式。

1991 年，一具霸王龙骨骼化石在加拿大被发现，它被命名为斯科蒂。经过 28 年的研究和发掘，2019 年，科学家们终于向公众公布了研究结果。据推测，这具化石的完整体长可以达到 13 米，而斯科蒂也凭借这惊人的体型一跃成为世界上已发现的最大的霸王龙化石。在此之前，这个宝座属于霸王龙化石"苏"，它被发现于美国一个印第安部落中。而且，苏并不是"孤身一龙"——和它一起出土的，还有一只雌性霸王龙，名叫斯坦，虽说体型较前者要稍小一些，但体长也达到了 11 米。

斯坦 / 金幸生供图

遗憾的是，由于斯科蒂的化石保存完整度并不是特别高，13米体长仅为研究人员推测出的数据，因此，世界上最大的霸王龙桂冠究竟花落谁家，仍没有定论。但可以肯定的是，它们在霸王龙群体中，也是毫无疑问的霸主。

观察化石可以发现，斯科蒂的尾部、下颌和肋骨部分留有道道疤痕，有一些是骨折愈合和伤口感染后留下的痕迹。这可能是由它捕到的猎物的垂死挣扎造成的，也有可能来自它同类的撕咬。即便是霸王龙这样接近食物链顶部的生物，处于白垩纪晚期艰难的生存条件下，也要不惜代价地争抢食物和配偶，为了生命的延续，争夺生存和繁殖的机会。

霸王龙代表了恐龙时代的鼎盛时期，恰似正午的骄阳，照耀大地。它凭借自己慑人的捕食者形象，成为陆地上的霸主。

（四）黄昏：角龙

盛极必衰。

恐龙虽历经了辉煌的时代，但它没有办法永保霸主的地位，终

于逐渐走向了衰亡。

鸟臀目恐龙和蜥臀目恐龙出现的时期几乎一致，但属于鸟臀目的时代来得稍晚一些，直到侏罗纪晚期和白垩纪时期，鸟臀目恐龙才迎来盛世。鸟臀目的角龙，出现于白垩纪晚期，在白垩纪末期灭绝，是消亡时间最晚的一类恐龙，可以说是见证了恐龙时代最后的时光。

角龙的品种非常多，已整理发现的就有30种，而这个数据还在继续更新。

在整个角龙家族中，最出名的应该是三角龙。它生活在白垩纪晚期的北美洲，与霸王龙是同期的角色，但战斗力稍逊于霸王龙，有时候也会成为霸王龙的捕食对象。

三角龙的体型中等，体长在7—9米之间。它的外形酷似犀牛，有巨大的头盾，头上还有三根犄角。关于它的角的用途，众说纷纭。有人认为犄角能作为武器有效地抵御捕食者；也有说法认为三角龙的犄角就像现代动物界里鹿和羊的角一样，作用是求偶；还有人

认为三角龙是植食性恐龙，可以利用它的犄角撞倒一些树木，方便进食。

曾经有具化石，记录了一只霸王龙和一只三角龙搏斗的场景，两只恐龙都作为化石的一部分而留存至今——霸王龙的牙齿死死咬着三角龙的身体，可以想见两者陷入激烈的鏖战……

在6700万年前的北美洲大陆上，某一天的黄昏时分，余晖笼罩了整片大地。一只三角龙正游荡在大地上，也许它饥肠辘辘，正走在觅食的路上，渴望一顿饱食，又或许，它只是有一些口渴，想要踱步到河边敞开肚皮喝水。忽然，它警觉起来，猎食者出现！一只伺机已久的霸王龙疾步追来，堵住了三角龙的去路。它不得不转过身与霸王龙搏斗。起先，三角龙想要用自己的角抵住霸王龙，为自己争取逃跑的机会，但是霸王龙抢先咬住了它的身躯，让三角龙一下子发出痛苦又愤怒的鸣叫。血滴下来，与天边的夕阳相比竟不知哪一个更红。三角龙拼命挣扎，霸王龙死咬不放，两方僵持不下。

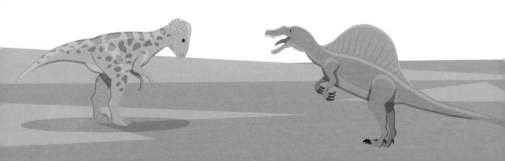

在原本的结局里，要么是三角龙惨败，成为霸王龙的盘中之餐，要么是三角龙反击成功，逃脱了霸王龙的捕猎。但是，情况突然急转直下，大地上裂开了一道深不见底的口子，它们维持着撕咬的姿态，一起跌入了深渊，变为化石，直到今天重见天日。

角龙作为最晚出现和最晚灭绝的一类恐龙，见证了恐龙时代的落幕。白垩纪末期就像是太阳即将落山的黄昏时分，在绚烂而盛大的余晖下，角龙踱步归家，与恐龙时代一起沐浴这最后的光。

浙江吉兰泰龙脚趾化石
/ 金幸生供图

礼贤江山龙背椎化石
/ 金幸生供图

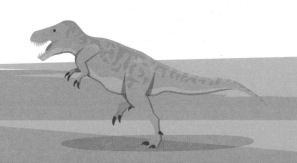

恐龙蛋化石

恐龙骨骼和蛋化石

三、翼龙：中生代天空的主宰者

浙江自然博物馆收藏的临海浙江翼龙化石，出土于浙江临海市的一个采石场中，在采石的过程中被人偶然发现，确定为大型翼龙新属新种，为翼龙家族扩充了新的成员。这是迄今为止我国发现的最大、最完整的白垩纪晚期翼龙化石，也是中国目前发现的唯一的白垩纪晚期的翼龙。

中生代是爬行类动物的天下，海洋中是鱼龙，陆地上有恐龙，而占据天空的，是翼龙。人类可以攀登高山，可以潜入海洋，可以自由自在地行走于陆地，但是无法不借助外物就飞上蓝天。可能因为这是我们无法做到的事情，所以我们对能够飞翔的生物带有一分敬畏和向往。

翼龙／金幸生供图

　　翼龙是一种已经灭绝的爬行类，出现于三叠纪晚期，晚于鱼龙和恐龙。较早的物种有长而布满牙齿的颚部，以及长尾巴；较晚的物种尾巴大幅缩短，而且缺少牙齿。翼龙类的体型有非常大的差距，从小如鸟类的森林翼龙，到地球上曾出现的最大的飞行生物，例如风神翼龙与哈特兹哥翼龙，翼展超过 12 米，牙齿有 10 厘米长，有巨大的尖嘴。

　　翼龙是最早飞向蓝天的脊椎动物。它并非第一种学会飞翔的生物，无脊椎动物中的昆虫早早习得了飞行这一技能。但翼龙是真正地在天空中翱翔。翼龙的化石遍布世界各地，在中生代的各片陆地上抬起头，都能看见翼龙的身影。在鸟类还没有出现之前，翼龙霸占了天空，自然地成为天空的霸主。

　　翼龙有着独特的骨骼构造。翼龙的翼是从位于身体侧面到四节翼指骨之间的皮肤膜衍生出来的。翼龙的前肢高度退化，而第四指更加发达，被称为飞行翼指。前肢构成了翼龙"翅膀"的前端，飞行翼指连接着身体侧面和后肢的膜，形成了得以飞行的翼膜。这就

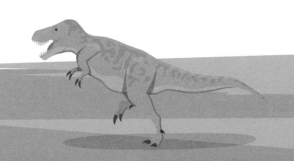

是翼龙能够飞行的关键所在。

　　除了骨骼的变动，翼龙为了飞行，也做了其他的准备，那就是它的生理构造。

　　一般来说，爬行类动物是冷血动物，它们的体温会随着外在环境的变化而变化。哺乳类和鸟类则是温血动物，体温比较恒定，不会随着环境变动而产生大幅度的变化。冷血动物一般不如温血动物活跃，喜欢不怎么消耗能量的活动。但是，翼龙在飞行过程中，要消耗大量能量，自身需要有提供稳定的大量能量的能力。既然翼龙要进行飞翔那样的高耗能运动，那么它是否可能是温血动物？

　　人们搜集到的信息也在逐渐破解这个问题。热河生物群中发现过一具翼龙化石，化石上有遍布全身的"毛"。翼龙的毛可能有保存体温的功能，为翼龙是温血动物提供了佐证。科学家们还在巴西掠海翼龙的化石头部发现了血管的印痕，它头部的这个构造可能起着调节体温的作用。总之，种种迹象表明，至少部分翼龙为了适应飞行的需要，已经具有内热和体温恒定的生理机制。

浙江翼龙头骨化石 / 金幸生供图

翼龙最终也在白垩纪末期的那场大灭绝中消失了，和恐龙一样成为过去式。当我们仰望天空的时候，也许可以想象穿越几千万年的时光岁月，看到蓝色天空上翼龙的身影。

第五章

菊石重回视野，是中生代与恐龙齐名的无脊椎动物明星。卞氏兽与哺乳类动物形似近亲，但却是爬行类的一员；热河生物群定格了变幻的生物界，新种的火苗在这里燎原；雷兽的骨架震撼世人、新近纪

更迭换代的生物圈

的象家族分化出三支；银杏延续到今日，坚守千万年送达"幸福的黄手帕"。基因变异的动感跳跃造就了生物的形态各异，生物圈的演化持续进行。

一、菊石：中生代无脊椎动物中的明星

菊石出现在古生代的泥盆纪，经历了二叠纪至三叠纪的大灭绝事件，但是它并没有退场，反而在事件过后复苏，在侏罗纪和白垩纪时期迅速发展，造就盛景。

菊石和鹦鹉螺有着共同的祖先，两者的形态和构造都有相似之处。它们的壳内有隔壁，隔壁和壳的接触部分形成缝合线。其命名方式也和鹦鹉螺类似，因为表面具有菊花般的纹路，所以被形象地命名为"菊石"。

缝合线特征和体管位置是区别鹦鹉螺和菊石的两个主要特征。鹦鹉螺的缝合线比较平滑，形状简单。菊石的缝合线曲折蜿蜒，形状复杂。与鹦鹉螺把体管置于中心位置不同，菊石选择把这条重要

的气体传输通道放在侧缘。缝合线与体管的差别能够让我们分辨出
两者。

菊石 / 金幸生供图

中生代也被称为"菊石时代"。原因有两个：一个是它的数量
多、分布广，另一个是其种类繁多。

菊石一般生活在 200 米以内的浅海域里，数量很多，其化石的
地理分布非常广泛，世界各地均有发现，比如我国的珠穆朗玛地区。
菊石如何登上世界高峰呢？故事是这样的：在中生代，珠穆朗玛地

菊石化石

区是一片海域，也是菊石的乐园，后来，青藏高原抬升，大量的菊石成功登上世界屋脊，成为地壳运动的见证者和地史变迁的指路者。

菊石有很多种类，现已经发现有 2000 多个属，其繁荣程度让人叹为观止。其形态差异也比较大，菊石化石的壳体直径最大可以达到 2 米多，而最小的只有 1 厘米左右。因为种类繁多、演化迅速、分布广泛和易于辨认的特点，菊石是划分和对比地层很有效的标准化石。

从泥盆纪到白垩纪，菊石走过了 4 亿年，但菊石繁荣后也跟随着衰亡，在白垩纪末期的大灭绝中，菊石和恐龙一起退场了。

二、卞氏兽：身份与名字的故事

本篇讲述一个以中国科学家来命名的动物——卞氏兽。

卞氏兽的发现者——卞美年先生，是我国著名的地质学家和古生物学家。卞美年先生 1931 年毕业于燕京大学地质系，曾参与过周口店遗址的发掘研究工作，亲眼见过大名鼎鼎的"北京人"头骨；参与完成中国人自己发掘、研究和组装的第一条龙化石——禄丰龙化石。

1938 年，卞先生在云南禄丰发现了一些特殊的动物骨骼，它既有爬行类的特征，又和原始的哺乳动物十分接近。经过多年研究后，科学家们确定这是一个新发现的物种。为了纪念卞美年先生的贡献，当时主持云南禄丰化石发掘工作的杨钟健先生将这个新发现的物种命名为"卞氏兽"。

那么，卞氏兽究竟属于爬行类动物还是哺乳类动物呢？

据研究发现，卞氏兽生活在中生代三叠纪晚期和侏罗纪早期。科学家们发现：它的头后骨骼及肢骨，和原始哺乳类动物十分相似，脑颅的构造和哺乳类动物有许多相似之处。但卞氏兽的牙齿与哺乳动物相去甚远。它虽然有哺乳动物的一些特征，但本质上还是爬行类，是一种很接近哺乳动物的爬行动物。

生物的进化是一个非常复杂的过程。而回溯这个过程，显得更为艰难。无数的科学家在荒野之间寻觅，在实验室中不懈努力，远古的生物以及那纷繁的一幕幕，才渐渐得以呈现。但是正如生物演化的无止境，科学探索，虽然常常艰苦卓绝，却也因其与人类命运休戚相关，而有着无限魅力。

卞氏兽，作为爬行类动物与哺乳类动物的过渡形态，在生物进化史上具有类似指路牌的意义；而以科学家的名字为它命名，则凝聚着人类在寻找自然真理道路上的艰辛，以及对为此做出贡献的人们的深深敬意。

三、热河生物群：玄妙的"异世界"

我国曾有一个叫热河省的省级行政区。热河的名字来源于承德避暑山庄的温泉，水从温泉流入河中，即便在寒冷的冬季，河流也不结冰，水面上浮现热气，故赋名"热河"。

如今的地图上已经无法找到热河省的名字，其原先的地域分别纳入内蒙古、河北和辽宁。但是热河存在过的痕迹并没有消失，有一个被誉为"20世纪最重要的古生物发现之一"的生物群，被冠以"热河"之名。

"长着羽毛的恐龙""世界上最早的花""原始的有袋类动物"……热河生物群为我们打开了一个全新的世界，展示了中生代的辽西面貌。它保留了大量完好的化石，让我们清楚地看见羽毛和花朵的形状。这些化石种类繁多，几乎囊括了中生代向新生代过渡的所有生物门类，为研究鸟类、哺乳类、被子植物起源提供了宝贵的化石证明。

中华龙鸟是一种小型的食肉类恐龙，头部、颈部、背部和尾部都分布着丝状的羽毛。1996 年，它的化石被发现于热河生物群，由此确定了它在距今 1.4 亿年的白垩纪早期的存在。中华龙鸟前肢短小，后肢长且强壮有力，尾巴非常长，几乎有躯干长度的 2 倍。

中华龙鸟 / 卢立伍供图

科学家判断它身上的绒毛和如今鸟类的羽毛并不完全相同，但可能具有保存体温的功能，可能是羽毛的前身。作为恐龙家族的一个重要组成，中华龙鸟以其构造上与鸟类接近，成为鸟类进化史上的一块关键拼图。

与中华龙鸟同时代，热河生物群中有一种植物被赋予可爱的名字——辽宁古果。它是目前世界上发现的最早的被子植物，也是世界上已发现的最早的花。辽宁古果是一种水生植物，枝干纤细，根系稀

辽宁古果 / 卢立伍供图

少屡弱。它拥有白色的六瓣花朵，比较朴素，同时也拥有果实。刚开始，果实的外表是绿色的，随着生长发育会一点点成熟，转变为鲜艳的红色。我们现在的世界并不缺乏花朵，哪怕在冬季也能够看到鲜花。但是中生代里第一朵花儿绽开的时候，世界必是给予了万千宠爱。

热河生物群还发现了命名为中国袋兽的有袋类生物。它是热河生物群中发现的原始的哺乳类动物，生活在距今1.2亿年的白垩纪早期。它的体型相当小，体长只有15厘米，推测体重在25—40克之间。科学家们推测中国袋兽很有可能大部分时间生活在树上，擅长攀爬，这也许是它们在恐龙主宰的世界里，另辟的谋生之道。现在，有袋类动物集体定居在澳洲，热河是它们遥远的故乡。

热河生物群丰富多彩，仿佛是生物进化史上的纽带和舞台，众多的动植物在这里脱胎换骨。它也是中生代承前启后的象征，激起我们极大的兴趣去想象那个世界与我们今天所见的相同和不同。同一片天空下，时间的巨轮走过，造就了这一异世风景。

四、雷兽：战锤的野兽

在新生代，哺乳动物在地球上演化出大量的种类，分布于世界各地。

在古近纪中期（距今约5000万年），有这样一种生物，它的形态有点像是现代的犀牛，头上长有形似角的突起。不过虽然说它与犀牛相似，但与犀牛没有什么继承关系，反而可能是马的近亲。它的名字如雷贯耳，象征着人们对自然的敬畏和对神谕的猜想。众多游戏作品也引用了它的名讳。

它就是战神雷兽。

我国的许多省份都发现了雷兽的化石分布，它是生活在距今5600万—3400万年前的大地上以四腿奔跑的植食类哺乳动物。雷兽的牙齿很大，前肢长有四趾，后肢长有三趾。它在地球上生存的时间并不算长，只有2000多万年。但是在这段时间里，雷兽飞速地演化出非常多的不同种类。从留存的化石看，它的个体形态差异较大，早期的始雷兽形态较小，高度不超过1米，后来的雷兽体态越来越大，能高达2.5米。除了体型变大外，雷兽也从最初的没有长角，到后期演化出了醒目的分叉角，如同战锤。在发情期，雄性会用角搏斗，来吸引和争夺雌性，竭尽全力让自己的基因得以留传。

从已发现的化石来看，雷兽个体从小到大，头部从无角到有角。雷兽化石所呈现的纷繁变化，似乎让我们得罅隙而一窥它所生活的现实世界里生物正在发生的快速分化和演变。无疑，它面临着巨大的危险和挑战，也看得见机遇和未来。它也许正是听到了自然的鞭挞之声，而奋力奔向比较安全的生存空间，途中，快速地进行装备更新。

但是，雷兽在进化路上没有做到全身同时进化，遗憾地在牙齿这样关键的门户位置留下了短板。它原始的牙齿没有跟上它其他方面的演化速度，当植物生态改变，这些牙齿没能适应自然界给出的新食谱。也许是牙齿的无能为力，最终导致雷兽陷入食物选择的困境而灭亡。

虽然雷兽拥有"战锤"，但在自然界的搏斗场上，经过2000多万年它就败下阵来，悲壮地退出了历史舞台。对于自然来说，对抗不是最好的方式，适应才是硬道理。

但它的演化速度，高大伟岸的身躯，以及傲视群雄的"战锤"，令人产生无限遐想。人们将其敬奉为神兽，视为某种神明的化身，尊崇、敬拜它，通过艺术的再现来呈现雷兽身上携带的雷霆万钧的自然之力。

五、象的演化：长鼻王的分岔口

在新近纪，哺乳动物中的长鼻类迅速发展，其中就包括我们非常熟悉的大象。当然，新近纪的象和我们现在看到的大象并不完全一致。新近纪，这些早期的象来到岔路口，向左向右，有的成为现代的象，有的走上另一条路。

象在进化树上的出现，要追溯到更早的古近纪。古近纪始祖象的体型比较小，也没有现代大象标志性的长鼻子、长而尖利的象牙。比起现代象来说，始祖象可能更加像我们今天所见的河马。

始祖象主要生活在沼泽和河畔，以水生植物为食。它的眼睛和耳朵都处在头部中比较高的位置，当它大部分身体都沉入水中时，眼睛和耳朵也能够露在水外，这使它能一边很好地享受泡澡，一边又保持警戒。

到了新近纪，象的演化分成了三支：乳齿象、恐象、铲齿象。

乳齿象的上门齿变得更加强壮，向外和向上翘起，牙齿上边有着形似乳头的突起。这个突起能够帮助乳齿象很好地研磨食物。现代象的象牙更加接近乳齿象，这个线索让我们看到乳齿象和现代象的亲缘关系。曾经在陕西发现了一具乳齿象的骨架化石，古生物学家发现其颊齿有着像山脊似的突起，比较尖锐，能够切割植物。这让乳齿象的食物范围变得更加广泛，它也具有更强的环境适应力。

古乳齿象臼齿 / 贺一鸣摄于南京古生物博物馆

与乳齿象相反的是，恐象的下门齿发达，

并且向下、向里弯曲。恐象的身形很大，雄性恐象的肩高叮以达到5米。中国的恐象化石发现于 2005 年，这块出土于甘肃的恐象下颌化石改变了之前认为恐象并没有进入中国的观念，它扩大了恐象的领地，也扩充了中国的象群出没的历史。

　　铲齿象选择的是拉长自己的下颌和下门齿，它的嘴部就像是一个铲子。铲齿象的下门齿充当的是镰刀的作用，用来切割植物。推测它的进食方式是，先用下门齿将植物切断，再用长鼻卷起食物，送入嘴中。在中国的宁夏发现过大量的铲齿象化石，这说明在新近纪这里生活着大量的铲齿象。那时的宁夏森林广布，非常适合铲齿象的生存。

铲齿象化石

　　在新近纪的分岔口，长鼻类做出了多种尝试，乳齿象、恐象和铲齿象正是代表了长鼻类三种不同的演化道路。现代的大象，其象牙是它的上门齿，向外、向上生长。看得出来，被环境选中而留在最后的，是乳齿象。恐象和铲齿象个性鲜明，那倔强的下门齿和长下颌，把最后的刀光剑影烙在了岩层中，让我们惊叹它们的创造力和作为拓荒者的勇气。

六、银杏：活着的化石

"四壁峰山，满目清秀如画。一树擎天，圈圈点点文章。"这是苏东坡赞颂银杏高大的树身和清丽的树形的文字。银杏代表着坚韧和苍劲，是众多文人歌颂的对象。银杏果和银杏叶都可以入药，其提取物可用于治疗冠心病、心绞痛等。银杏木材质地轻软，富有弹性，容易加工，受木材厂商的青睐。在文学、医药、园林、材用等多个领域，银杏都起着不小的功效。殊为重要的是，它是一种从远古走来的特殊树木。

清秀如画银杏林

银杏属于裸子植物，即它的果实没有外壳包裹，它是世界上现存的最古老的树种之一。最早的历史可以追溯到距今 2.7 亿年的二叠纪早期。与同时代的菊石类似，银杏在二叠纪晚期的大灭绝中遭受了重创，至三叠纪逐渐恢复，于侏罗纪和白垩纪早期达到鼎盛，在白垩纪中后期再次衰落。和菊石不一样的是，银杏延续到了现代。

当同时代的生物有许多已经成为凝固的生命，而与岩石融为一体时，银杏却骄傲地舒展它伟岸秀美的身姿，被后人冠名为"活化石"。当然，它已经非常适应今天的地球环境，生机勃勃地生长在世界各地。

浅绿明黄如杏色

与活着的银杏相对应，地层里藏有品类更加众多的银杏化石，仿佛有个银杏世界的图书馆，存放着它们的历史。在我国的辽宁西部北票地区，发现了距今1.6亿年的侏罗纪银杏木化石。科学家们发现这具化石与现生的银杏有着相似的结构。

裸子串串不盖被 / 唐莹摄

银杏林 / 唐莹摄

银杏身上似乎在上演以不变应万变的演化过程！

　　银杏是中生代时期遗留下的宝藏，是菊石和恐龙寄来的明信片。秋天里，那金黄色的扇形叶片，被中生代的风吹落，又被新生代的风扬起，还将继续轻舞飞扬，飘向诗和远方。

参考文献

[1] 科古. 黔羽枝的时代和归属研究取得新进展 [J]. 地层学杂志，2013，37(3):348.

[2] J SÉBASTIEN STEYER, SOPHIE SANCHEZ, PIERRE J DEBRIETTE, et al. A new vertebrate Lagerstätte from the Lower Permian of France (Franchesse, Massif Central):palaeoenvironmental implications for the Bourbon-l' Archambault basin[J]. Bulletin de la Société Géologique de France, 2012,183(6):509-515.

[3] 周志炎. 远古的悸动：生命起源与进化 [M]. 南京：江苏科学技术出版社，2010.

[4] 陈晶，等. 沉睡已久的化石 [M]. 武汉：中国地质大学出版社，2018.

[5] 汪品先，田军，黄恩清，等. 地球系统与演变 [M]. 北京：科

学出版社，2018.

[6] 沙金庚. 世纪飞跃：辉煌的中国古生物学 [M]. 北京：科学出

版社，2009.

[7] 童金南，殷鸿福. 古生物学 [M]. 北京：高等教育出版社，

2007.

后 记

生物的演化是一个漫长而又艰辛的过程。

自然界奉行着"物竞天择，适者生存"的法则，环境的改变对生物而言是挑战，唯有能够找出答案、适应环境者才能够留存下来。正如横跨寒武纪的三叶虫、称霸奥陶纪海洋的鹦鹉螺，以及诗意的笔石，辉煌转瞬即逝，生物们理想的家园总是在路的那一端。

自然自有它的理由给出各种考题，它对一切生物一视同仁；它的怀抱是如此宽广，无论阳光灼烧时或者漫漫长夜之际，它总会给生物世界一片庇荫或者和煦温暖，让世界从荒凉走向繁荣。

生物进化树上记录下那么多的分支，记录的是生物们努力地开辟不同道路的行动。生命弥足珍贵，每一种生物都为自然界扩充了新的想象力，即便是最后留在原地的，它们也曾经装点了这个世界，让世界更加丰富多彩。

此外，每种生物又都是环境的组成部分，正如亚马孙河流域热带雨林中的一次蝶动，可以在远方掀起轩然大波，包括我们在内，每一分子都是环境的节点。化石让我们看到的，不只是过去，还有现在；化石更让我们去思索，作为环境中的一员，我们如何选择方向，规划行动，以期待明天的美好。

从过去看未来，我们对自然多了一分敬畏，也愈加珍惜和爱护我们自己。了解自然，顺应自然，在自然的法则之内，爱我们自己，意味着平等地爱周围的一切。也许我们可以常常去邀约，一条鱼、一只鸟，以及一朵小小的花，来倾听它们的非凡故事，并与它们共享阳光和蓝天。

《凝固的生命》是"石头的故事"丛书的第二册。本套丛书被列入 2021 年度浙江省社科联社科普及重点课题资助项目，2022 年 8 月被列为省级社科普及课题。在编写过程中，我们得到了各方面的大力支持和帮助。这里要特别感谢浙江省社会科学界联合会的信任，把"石头的故事"丛书的创作任务交给我们；也特别感谢在专业领域帮助我们严格把关的 4 位顾问——浙江大学叶瑛教授、浙江自然博物院金幸生研究员、中国地质博物馆卢立伍研究员、浙江省文物考古研究所史前考古室主任孙国平研究员，4 位顾问的辛勤工作使这套丛书在专业严谨性和思想创新性上都有了明显提升；还要特别感谢为本书提供图片和资料的朋友们（书中图注未标明供图者的图片由本书编写组成员提供），正是这些天南海北的热心人士无偿提供的大量资料和图片，才让本丛书图文并茂、丰富精彩，极大地增强了可读性。除此以外，我们更是衷心感谢给本书提出批评性意见的同人，帮助我们避免了许多错误。

最后，衷心感谢杨树锋院士在百忙中抽出时间，阅读了这套丛书，提出了许多建设性的意见，并为丛书作序。杨院士的指导，将对我们今后的科普工作起到深远的促进作用。

编 者

2022 年 6 月